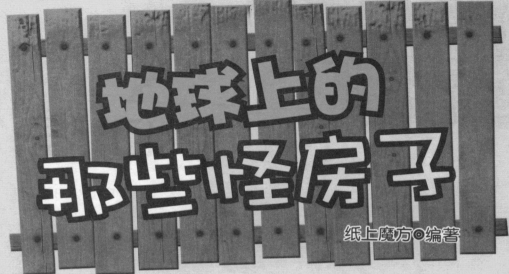

地球上的那些怪房子

纸上魔方◎编著

重庆出版集团 重庆出版社

目 录
contents

一千年都没有
熄灭过的火炬

　　小朋友，我要告诉你：两千多年前的古埃及，曾修建过一座当时世界上最高的灯塔，灯塔顶上有一座不灭的大火炬，一直燃烧了一千多年，为夜航的船只指引进、出港口的路线。你是不是觉得很惊奇？小朋友，让我们一起探寻这座神奇灯塔的秘密吧！

火炬真的一千年没有熄灭吗？

公元前4世纪中期，希腊北方小国马其顿迅速崛起，在国王亚历山大三世时期，建立了地跨欧、亚、非三洲的马其顿帝国。在埃及尼罗河三角洲西北端，即地中海南岸，修建了亚历山大古城和亚历山大港。这里是马其顿帝国埃及行省的总督所在地。亚历山大大帝死后，埃及总督托勒密在这里建立了托勒密王朝，加冕为托勒密一世。亚历山大港成为地中海和中东地区最大的一个国际转运港，每天都有大量船只进出。

但是亚历山大港附近的海道十分危险，往来船只常因迷航触礁而沉没，船主和船员都叫苦连天。于是埃及国王托勒密一世下令，在港口附近的法罗斯岛上兴建这座高大的灯塔，人称"法罗斯灯塔"。

法罗斯灯塔实际建在离法罗斯岛附近的一个大礁石上，由古希腊著

5

名建筑师索斯特拉特设计，高一百多米，是当时世界上最高的建筑物。最令人惊讶的是法罗斯灯塔上的大火炬，日夜不熄地燃烧近千年，照耀着港口，开创了人类历史上火炬灯塔的奇迹。法罗斯灯塔是古埃及人聪明和智慧的结晶，有世界七大奇迹之一之誉。

法罗斯灯塔是什么样的？

法罗斯灯塔共有四层。灯塔底层为正方形，第二层是八角形，第三层是圆塔形，像个堡垒，第四层是塔顶，塔顶上有一尊高约7米的海神波赛冬青铜立像，为法罗斯灯塔增添了风采。整座灯塔内部有几百个房间，这么多的房间究竟用来干什么呢？可以想象的是给值班人员住宿、办公或操作各项业务，也有可能供天文学家、气象学家在此观察天象等。当然，也有房间会用来存放东西。

法罗斯灯塔用了哪些建筑材料？

　　法罗斯灯塔由石灰石、花岗石、白色大理石和青铜筑成，相当于现代一幢40层楼房的高度。塔身用白色大理石砌筑，石缝之间填入熔化的铅水。塔柱、塔基采用花岗岩石料，并用玻璃片充填。据说，当时科学家通过试验后证明，玻璃最耐海水腐蚀。

　　塔顶有一个巨大的火盆，后面是一块磨得发亮的花岗石

反光镜。反光镜白天反射日光，晚上用火光为船只导航。在几千米以外的海船，都能看到灯塔照射到海面上的光。

人们怎么爬到塔顶呢？

塔身下层，有一条螺旋式楼梯直通塔顶，从下层到中层有32个台阶，从中层到上层有18个台阶。塔正中间设有人工升降装置，运送火炬燃料和各种物品，保证火炬长年日夜不熄。不过，古代还没有发明电，不可能有电动升降机，人们使用简单的机械滑轮吊运火炬燃料和各种物品，而且要分层吊运才行。

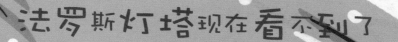

法罗斯灯塔现在看不到了

法罗斯灯塔建造历时近20年，主要用途是为船只导航，还有防卫、侦察等用途。后来新统治者迁都开罗，灯塔开始失修，经过多次大地震后，整座灯塔被摧毁。因此，法罗斯灯塔成为除现存的金字塔外，最后一个消失的建筑奇观。

尽管现在法罗斯岛没有灯塔了，但在法罗斯灯塔遗址上有一座航海博物馆，博物馆是四方形的，每个角都有一个圆柱形的炮楼，是典型的阿拉伯建筑，每年都有成千上万的国际旅游者前去观光。

为什么要建法罗斯灯塔？

关于灯塔的来历有一个传说：公元前280年的一个晚上，一艘埃及皇家船去接新娘，当航行到亚历山大港口时触礁沉没了，船上的皇亲国戚和新娘全部葬身大海。这件事震惊了埃及当时的皇帝——托勒密一世。于是他下令在亚历山大港入口处修建一座导航灯塔。但这个传说的真实性有待考证。更多的人相信，亚历山大是一个很繁忙的港口，每天进出港口的商船很多，为了能在夜里指引船只平安进出港口，埃及人修建了法罗斯灯塔。

猜猜看

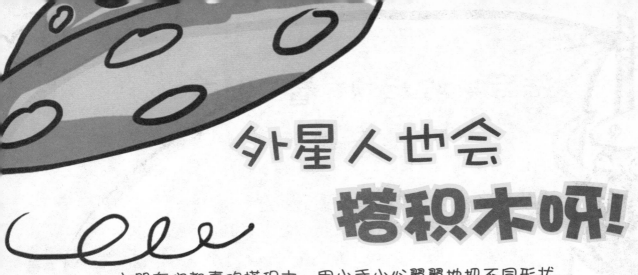

外星人也会搭积木呀!

小朋友们都喜欢搭积木，用小手小心翼翼地把不同形状、不同颜色的木块一块块叠起来，就可以搭建出各种各样的漂亮房子，像小木屋、宫殿、花园、摩天高楼等。

现在我来告诉你，在英国伦敦西南有一座圆形巨石阵，是在平地上用几十块巨石，竖立围成了三个大圆圈，在竖立石柱上横架着一块块巨石。人们研究这座圆形巨石阵近千年，至今存在许多问号，显得更加神秘，以至有人说："这是外星人搭建的积木！"

这个奇特古迹叫圆形巨石阵

英国有一位神父，在英国伦敦西南的索尔兹伯里平原上，发现一处用巨石围成的奇特古迹：由几十块巨石等距竖立在地上，在两块竖立的巨石上再搁上一块巨石作为横梁，围成三个同心圆圈，以中间的石祭台作为圆心，在外围有一圈壕沟，壕沟里面撒有白色的土。壕沟与巨石圆圈之间，还有些零散的石块。

这就是英国最著名、最神秘的史前遗迹——圆形巨石阵，又名巨石阵、索尔兹伯里石环、环状列石、太阳神庙、史前石桌、斯通亨治石栏、斯托肯立石圈等。

圆形巨石阵有多大?

圆形巨石阵占地大约11公顷，由几十块巨石竖立在地上，排成几个完整的同心圆，最高的巨石高达约8米，中心围成圆圈的竖立巨石上还横架着一块块重达约7吨的巨石。圆形巨石阵的外围是直径约90米的环形土沟与土岗，内侧紧挨着的是56个圆形坑，由于这些坑是由英国考古学家约翰·奥布里发现的，人们又称它为"奥布里"坑。

圆形巨石阵是如何建成的？

圆形巨石阵是一个浩大工程，经考古学家推测它的建造分为三个阶段。

一期工程大约在公元前3100年。人们先建造一座能容纳数百人的圆形土堤，在土堤内挖出了56个圆形坑。

二期工程是公元前2000年左右。古人对巨石阵的进口进行改造，铺设500米长的人行道和壕沟，被称做"斯泰申石碑"的石柱竖立在巨石阵的内边缘。在这个阶段，大约在竖起3/4圈石柱之后，这项工程突然停止，石柱被搬走，土坑被填平。

三期工程大约在公元前1000年。人们运来了100多块巨大的砂粒岩，建成由30多个石柱组成的外圈，在这5座石碑坊的里侧布置了一些蓝砂岩石柱，然后仔细打磨成石块。

关于圆形巨石阵的几个谜

神奇的巨石阵留下了几个谜。例如这些石头特别大，最高的约8米，最重的有30吨，石阵中心的每两个竖立巨石上还横架着一块一块的大巨石，不知道古人是如何把这些大石头搭上去的？

还有，这些巨石的排列位置与准确的天文观察结果相联系。围绕里面一个马蹄形，石头摆成了一个同心圆，在每年夏至这天，太阳会准确地升起在楣石的顶点上。因此，巨石的排列方式显然不是巧合，但这种有意安排又是为了什么呢？

有人认为，圆形巨石阵可能是用来预报日食和月食的。除作为被动的日晷外，还肯定用于某种宗教仪式活动，它本身就是一个祭坛。

圆形巨石阵是外星人搭的积木吗？

有人说，圆形巨石阵是外星人搭的积木，当然，这只是一个幽默。

但现在对圆形巨石阵的用途，还没有确定的答案。英国人认为它是公元5世纪亚瑟王的巫师，用神力把石头运来建造的一座纪念碑。后来，科学家发现巨石阵里能产生声音共鸣现象，又推测它是古代祭祀的场所。还有人觉得这是古人打猎的"武器"，用来抓一些大象、熊、河马等大个动物。

猜猜看

巨大的石头从哪来的？

现在科学家已经知道建造圆形巨石阵的石头来自威尔士。但没有人知道古代威尔士人是如何把这些几十吨重的巨石运到三百多公里之外的索尔兹伯里平原的。

躲在树林里的城堡

19世纪，一位法国人在高棉的莽莽丛林中，发现一座壮观的庙宇和一座古城废墟。这一座被人遗忘几百年的庙宇，就是现在柬埔寨最著名的游览胜地——吴哥窟。小朋友们，现在让我们一起来探寻吴哥窟的历史吧！

谁在莽莽丛林中发现了荒废的吴哥窟?

1586年，来自欧洲的旅行家安东尼奥·达·马格达连那在莽莽丛林中发现了荒废的吴哥窟，但他所写的有关吴哥窟的报告，却被当做天外奇谈，一笑了之。

1857年，法国传教士也发现了吴哥窟，报告过相关情况，但仍未引起注意。

1861年，法国生物学家亨利·穆奥特来到高棉寻找热带动物，无意中也发现了宏伟惊人的古庙遗迹，并著书《暹罗柬埔寨老挝诸王国旅行记》，大肆渲染道："此地庙宇之宏伟，远胜古希腊、罗马遗留给我们的一切，走出森森吴哥庙宇，重返人间，刹那间犹如从灿烂的文明堕入蛮荒"，这才使世人对吴哥窟刮目相看。

1866年，法国摄影师艾米尔·基瑟尔发表了他拍摄的吴哥窟照片，让世人目睹了吴哥窟的雄伟风采。

被人遗忘几百年的庙宇

吴哥窟非常壮观，当地人称做"毗湿奴的神殿"，中国古籍上称为"桑香佛舍"。

　　在吴哥窟的周围，还发现了面积更大的吴哥城废墟，吴哥城废墟是柬埔寨一座荒废的古代名城，考古工作者称之为"古代东方四大遗址之一"。

吴哥窟是谁建造的？

　　吴哥窟是由真腊国（高棉、柬埔寨）所建。公元6世纪中叶，柬埔寨北方的吉蔑部落兴起，建真腊国。公元802年，真腊国吴哥王朝开始兴盛。12世纪中叶，吴哥王朝的苏耶跋摩二世信奉毗湿奴，封自己是神王，并定都吴哥，建毗湿奴神殿，即吴哥窟。

　　此后吴哥王朝改名为高棉帝国，国势鼎盛，文化灿烂，版图包括今日柬埔寨全境及泰、寮、越三国的部分地区。公元1430年，暹罗入侵高棉帝国，包围吴哥城7个月，公元1431年吴哥被暹罗攻占，公元1434年真腊复国，迁都金边，此后中国历史文献中开始称"真腊国"为"柬埔寨"。

吴哥窟建筑特色

　　吴哥窟为一长方形的绿洲，绿洲正中是吴哥窟寺内的主要建筑祭坛。祭坛由三层长方形有回廊环绕的须弥台组成，一层比一层高，象征印度神话中位于世界中心的须弥山。在祭坛顶部矗立着按五点梅花式排列的五座宝塔，象征须弥山的五座山峰。四个宝塔较小，排在四个角落，一个大宝塔巍然矗立正中，与印度金刚宝座式塔布局相似，但五塔的间距宽阔，宝塔与宝塔之间连接游廊，回廊是吴哥窟又一个突出建筑特色。

吴哥窟四周有围墙，围墙外有一长方形护城河，象征环绕须弥山的咸海。

吴哥窟与中国万里长城、埃及金字塔和印度尼西亚的千佛坛一起，被誉为"古代东方的四大奇迹"。

丰富多彩的浮雕石刻画

吴哥窟的圆雕像并不出色，但浮雕石刻却极为精致。在回廊的内壁及廊柱、石墙、基石、窗楣、栏杆之上都有浮雕石刻画。内容主要是印度教大神毗湿奴的传说和一些吴哥王朝的历史，有战争、皇家出行、烹饪、工艺、农业活动等世俗情景，装饰图案则以动植物为主题。据统计，浮雕石刻画多达18000多幅。

猜猜看

吴哥城为何会变成废墟？

古代高棉人建造了如此雄伟的一座吴哥城，为何在15世纪初就遗弃了呢，吴哥城中的居民到哪里去了？

15世纪时，由于气候变化，干旱频繁，吴哥城为解决粮食需求，大量砍伐森林，开垦农田，导致水土流失，使得建立的动力洒水管理系统长时间淤积，在干季时无法供应农田用水，造成作物产量大幅下降，无法再供应数十万人的粮食需求，因而，也导致吴哥城的衰落，于16世纪末期成为废墟。当然，暹罗入侵也是一个原因。

地下也有
游乐园

　　小朋友们，看过了热带雨林中的吴哥城，是不是觉得古代城市很奇妙呢？现在，和我一起去古代的土耳其探索岩石下的另一座古城吧！

岩石下面的城市在哪里?

　　这座神秘的地下游乐园名叫卡帕多西亚岩穴,位于土耳其卡帕多希亚省的格雷梅国家公园内,距离土耳其首都安卡拉东南部约220千米。那里是火山地带,看起来就像月球的表面一样坑坑洼洼,还有许多稀奇古怪的火山沉积物,在这些火山沉积物的下面,就是我们要找的卡帕多希亚岩穴了。

地下城是什么样子？

谁都没有想到，在格雷梅国家公园内的岩石下面会有成百上千座的古老岩穴房子。土耳其人的祖先们，利用大自然的奇妙构造，把一块块石头挖空，凿成房子，巨石里面错综复杂，有无数个厅室。一大片巨石就是一个岩穴社区。最大的岩穴社区能住600人。

卡帕多西亚岩穴是怎么被发现的呢？

一天，卡帕多西亚省代林库尤村的德米尔先生，想在自家房子下挖一个储藏室，挖着挖着，就发现一个洞口，好奇心使他继续挖掘，最后竟然揭开了一个惊天秘密——地下藏着一个巨大的城市！

沿着一个类似井的入口下去，借助梯子上下，共有八层，每层都建有住宅、厨房、水井、食品储藏室和小教堂，还有通风管道及墓地和供逃跑用的地道，足可容纳上万户家庭居住。

这些地下建筑是立体的，分成多层，代林库尤村的地下城市仅最上一层面积就有4万平方千米，上面五层就能够容纳万人生活，整个地区的地下城可以供30万人生活。

猜猜看

谁是卡帕多西亚岩穴的建筑者？

对于这个问题，至今没有一个明确的答案。有人认为是一个叫闪米特的古老神权民族。大约在公元前1000年以前，他们生活在这里。当年，闪米特国王被看成神灵来敬奉，像埃及的法老一样。闪米特人很喜欢戴高帽子，在古埃及的雕塑和绘画中，我们也能看到高帽子的身影。据推测，闪米特人开凿岩穴建筑，主要是为躲避罗马、阿拉伯和土耳其军队的入侵。

啊！这是观看人与猛兽搏斗的剧场

古罗马帝国的贵族，发明了一种很残忍的娱乐方式——角斗，还建造了一座专门供他们观看角斗的建筑。这究竟是一座什么样的建筑呢？

观看人和猛兽搏斗的场所

在古罗马，角斗是指奴隶与凶猛野兽搏斗，或者两个奴隶决斗。专门供罗马帝国贵族观看角斗的建筑，就是罗马斗兽场，它是在公元72年至82年间建成的。

这个地方有多大？

站在斗兽场外，你会觉得这是一座高大的圆形建筑；如果能从高空俯视，便可看到一个椭圆形的建筑，与现代足球场相似，占地面积约2万平方米。中间是"表演区"，观众席约有60排，逐排升起，划分为五个区。前面一区是荣誉席，比"表演区"高5米多；二区和三区是骑士席位区；最后两区是平民席位区，比骑士席位区高6米多。斗兽场的安全措施很严密，最后一排观众席没有坐位，要站着背靠墙观看比赛。

什么人在这里角斗？

在这里进行角斗的都是一些俘虏、奴隶，他们没有自由和权利，是生活在社会最底层的人，不过也有一些平民会为赚钱来参加角斗。

对于罗马贵族来说，残酷的决斗是最令他们激动的节目。决斗时，决斗的一方是持三叉戟（jǐ）和网的角斗士，对手是带刀和盾的罗马武士。带网的角斗士要用网缠住对手后，再用三叉戟把他杀死；另一角斗士带着头盔，手持短剑和盾牌，拼命追赶想战胜他的对手。最后，失败的一方要恳求看台上的人大发慈悲，让观众决定他的命运，如果观众挥舞手巾，就能免死；如果观众的手掌都向下，那就意味着要他的命！

有时，还会让角斗士与狮子、老虎这样的猛兽进行博斗。角斗士们不把猛兽打死，就会被猛兽吃掉。

为什么要建罗马斗兽场？

罗马斗兽场是维斯西巴安皇帝下令修建的，是为了取悦凯旋的将领和士兵，也是为了赞美伟大的古罗马帝国。它因此也成了古罗马帝国标志性的建筑物之一。

猜猜看

古罗马还有哪些建筑类型？

古罗马帝国有很多能工巧匠，创建了很多建筑，其中有一些独具特色，如罗马万神庙、巴尔贝克太阳神庙等宗教建筑，也有皇宫、剧场、浴场以及广场和巴西利卡(长方形会堂)等公共建筑。民居建筑有内庭式住宅、内庭式与围柱式院落相结合的住宅，还有四五层公寓式住宅。

歪歪的
斜塔不会倒

小朋友们，看见一座歪歪斜斜的楼房，你会怎么样呢？是害怕？是紧张？还是好奇？在意大利比萨市，就有一座斜塔，几百年了还没倒塌，现在就让我们去看看吧！

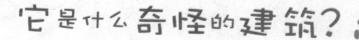

它是什么奇怪的建筑？

意大利比萨市，在10世纪时就是一个声名显赫（hè）的文化城市。当时，比萨市开始建造一组大型宗教建筑，由大教堂、洗礼堂、钟楼和墓园组成。外墙面均由乳白色大理石砌成，各自相对独立，但又是风格统一的罗马式建筑。

人们喜爱的比萨斜塔位于比萨大教堂的后面。几个世纪以来，钟楼的倾斜问题始终吸引着好奇的游客、艺术家和学者，使得比萨斜塔世界闻名。

这个塔是故意建成歪歪的样子吗？

起初人们都觉得比萨斜塔是故意建成这个样子的，但其实这源于一次严重的建筑事故。

比萨塔是比萨大教堂建筑群的三期工程，是大教堂的所属钟楼。此钟楼的原设计当然是垂直的，共8层，塔高设计为100米。当盖到第三层时，发现塔身开始向东南方向倾斜了，只得停工。几十年之后，教会不甘心这座钟楼成为"烂尾楼"，于是又找了一些技术高超的工匠来继续施工。当建到约56.7米时，此塔顶中心已偏离垂直中心约2.1米。于是，总工程师下令封顶，这就是我们现在看到的比萨斜塔。

比萨斜塔为什么会倾斜？

比萨钟楼之所以会向东南方向倾斜，是由地基下面的土层造成的。地基下面有几层不同的土层，包括各种软质粉土的沉淀物和非常软的黏土层，而在深约一米的地方则是地下水层。后来经过挖掘，人们发现，由于钟楼建造在古代海岸边缘，土质已有沙化和下沉现象。

能不能把比萨斜塔扶正？

现代建筑技术非常先进，难道不能把比萨斜塔扶正吗？虽然有不少科学家和建筑学家多次对比萨斜塔进行修缮，希望能减少它的倾斜程度，但从没有人想过把比萨斜塔扶正。因为大家都认为过度校正，或许反而会倒塌，能维持现状就好。何况，全世界的人都习惯了比萨斜塔歪斜欲倒的样子，这才是它最吸引人的风姿啊！

猜猜看

比萨斜塔和伽利略有什么故事？

著名科学家伽利略，在25岁时发现古希腊学者亚里士多德提出的"从高空落下的物体，落体的速度与它的质量成正比"的观点是错误的。他通过实验，坚信物体不论轻重，从同样高度落下来，都会同时到达地面。1590年的一天，伽利略登上比萨斜塔塔顶，两手各持一个重量不等的铅球，然后两手同时放下，结果两个铅球几乎同时落地，由此发现了自由落体定律。

石头演奏的
交响乐

　　法国巴黎西堤岛上有一座古老的教堂，是用石头砌成的，因为工艺精湛，被法国大作家雨果称做"石头演奏的交响乐"，也有人称其为"中世纪建筑中最完美的花朵"。小朋友，让我们去找寻那里的秘密吧！

教堂为什么叫圣母院?

在法国巴黎塞纳河西堤岛的东南端，有一所哥特式建筑风格的天主教堂。这座大教堂的法文原名为"Notre Dame"，意思是"我们的女士"，"女士"指的是耶稣的母亲圣母玛丽亚。教堂的大多汉译名为"巴黎圣母院"，其实正确译名当为"巴黎圣母堂"，因为这是一座主座教堂，并非是女修道院。

天主教是基督宗教的主要宗派之一，又称"公教"。我国明代将其译名为"天主教"，是取自中国一句古话"至高莫若天，至尊莫若主"。从历史上看，天主教主要流行于中世纪的西欧，成为影响西欧社会主要的精神力量。

巴黎圣母院的修建历史

1163年，一批法国的能工巧匠汇集巴黎，动工修建巴黎圣母院。教皇亚历山大三世和法王路易七世共同主持奠基仪式。巴黎圣母院是法国的最高枢（shū）机教堂和法王的加冕教堂。当年拿破仑在此为自己加戴皇冠，历史上还有许多重大事件都与巴黎圣母院有关。

由于多次战争，巴黎圣母院在18世纪已变得破烂不堪。法国著名作家雨果在他的小说《巴黎圣母院》中对圣母院进行了充满诗意的描绘，1831年该书出版后，引起很大的反响，许多人都希望重新修建残旧已久的圣母院，并发起募捐计划。今日巴黎圣母院依然是法国哥特式建筑的旷世杰作，几乎保持最初的卓然风貌。圣母院也展现了哥特式教堂的发展史。

教堂里的布局是啥样的？

教堂的西立面自下而上分为三层，分别是三座尖拱大门、拱花窗和柱廊，两座高约66米的没有塔尖的钟楼被融合在立面之内，并立在顶端。在三扇大门的尖拱券上，排列着飞翔的天国天使，拱门中央的三角墙壁上有精致浮雕，分别表现了《末日审判》、《圣母加冕》和《圣安娜生平》，两侧的壁柱上则是圣徒、先知、主教和古代君王像。大门上方的额枋（fāng）中有浮雕饰带，其中排列着28尊古犹太国王雕像，称为"国王回廊"。法国大革命时，革命者曾经把这些雕像当做法国历代国王，"斩首"破坏，现在立面上的石像是19世纪时重新制作的。

巴黎圣母院内部共有五个纵厅，一中四侧。教堂大厅可容纳9000人。后殿回廊有两重，内部的尖拱廊窗、尖顶的十字肋（lèi）拱，都在加强失重般的升腾感，追求着天国的神秘意象。当阳光经过彩色玻璃窗射入室内时，色调变得变幻莫测，营造了天国迷幻的氛围，三个巨型玫瑰花窗则是13世纪的杰作。

巴黎圣母院内外全是雕像，不仅有丰富的装饰性，还有教化功能，利用宗教故事和圣像描绘，向当时的百姓们传播教会的教条。这种表现手段得到了教会的大力支持和弘扬，也是造型艺术在中世纪发展繁荣的根本原因。

在巴黎圣母院里发生过哪些大事？

许多著名的历史事件都发生在巴黎圣母院里。1455年，圣女贞德的昭雪仪式在巴黎圣母院举行；1654年，路易十四在这里举行了加冕大典；1774年，路易十六在此加冕；15年后，法国资产阶级大革命爆发，法国国王路易十六在这里被推上断头台；1804年，拿破仑在这里为自己加上皇冠，可谓轰动一时；1915年，群情激荡的巴黎市民纷纷来到这里，怀着无比激动的心情庆贺第一次世界大战的胜利；1945年，也是在这里，巴黎人民为粉碎法西斯向圣母玛丽亚献上感恩。

猜猜看

花园般的
王妃陵墓

历史上很多皇帝或者国王都有自己最爱的妃子，古代印度也有一位这样痴情的皇帝——莫卧尔王朝第五代皇帝沙·贾汗，他为去世的王妃修建了一座花园一样的陵墓。后来，这座陵墓被誉为古代世界七大奇迹之一。下面我们就去那儿看看吧！

泰姬陵的主人是谁？

在印度北方邦亚格拉市郊的亚穆纳河南岸，有一座花园般的陵墓。洁白的陵墓在碧空和草坪的映衬下，显得肃穆、端庄、典雅。许多人都说"不到泰姬陵，就不算来过印度"。泰姬陵的主人就是沙·贾汗王的爱妃泰姬·玛哈尔，这座陵墓也因此简称"泰姬陵"。

泰姬陵是谁建造的？

泰姬陵于1631年开始设计动工，历时22年。每天干活的工人有两万多名，其中还有来自意大利佛罗伦萨的石匠。泰姬陵的主要设计者是印度当时最著名的建筑设计大师尤斯塔德艾萨。残暴的沙·贾汗担心他以后会设计出比泰姬陵更好看的陵墓，在泰姬陵建成后便派人将其杀害，还砍掉了一些出色工匠的手。

最美丽的陵墓

陵墓是埋葬逝者和供人祭祀的场所，气氛多庄严肃穆，世界上只有泰姬陵拥有美丽动人的轻松氛围。

泰姬陵占地17万平方米，背倚亚穆纳河，全部用沙·贾汗最喜欢的白色大理石砌成，有尖尖的塔和华贵的宫墙。红砂石围墙里有两个大院子，一个长方形，一个正方形。正方形大院里有一个花园，中间有一个十字形水池，中心为喷泉。两行并排的树木把花园划分为四个同样大小的长方形，因为"四"在伊斯兰教中具有神圣与平和的寓意。陵墓的东西两侧各有一座风格相同的清真寺和讲堂，用红砂石筑成，顶部是典型的白色圆顶。

陵墓寝宫居中，四周各有一座40米高的圆塔，寝宫上部覆盖高耸的大穹顶，穹顶四周还围着四个亭子式的小穹顶，四扇高大的拱门门框上有用黑色大理石镶成的《古兰经》经文。寝宫分为五间宫室，中央宫室就是泰姬和沙·贾汗的大理石石棺。

泰姬陵装饰豪华，镶嵌无数水晶、黄玉、蓝宝石、钻石等。

墓室内随处可见纯银烛台、纯金灯座、华丽的波斯地毯，雕花的大理石棺四周还围了一道纯金的栏杆。

猜猜看

泰姬·玛哈尔是怎样的人？

"泰姬·玛哈尔"，意思是宫廷的皇冠，她原名"阿姬曼·芭奴"，是一名波斯美女，以聪慧、多才多艺选入宫。泰姬陪伴沙·贾汗出征，因极端仇视基督教徒，曾让沙·贾汗血洗印度东北海岸的葡萄牙殖民地胡格利。泰姬为沙·贾汗生过14个孩子，但只有四男三女长大成人。

装修豪华的
法国皇家宫殿

帝王宫殿，象征着一个王朝的兴盛和辉煌，也是一个国家、一个民族智慧的结晶。法国巴黎有一座皇家宫殿，以恢弘的外观和豪华的装饰，创造了人类建筑史上的奇迹，堪称欧洲最美丽的宫殿。现在我们就去零距离地欣赏吧！

欧洲宫殿的豪华样板

这座豪华的宫殿叫做凡尔赛宫，因在巴黎西南郊外伊夫林省省会凡尔赛镇而得名。

凡尔赛宫占地总面积大约100公顷，是欧洲最宏大、最庄严的皇宫，曾是法兰西的宫廷。凡尔赛宫和中国的宫殿风格截然不同，它对后来欧洲的建筑产生了很大的影响，几百年间的王室几乎都是对它的模仿，当之无愧地入选《世界文化遗产名录》。

一所小型狩猎休息室

在17世纪初，凡尔赛只是一个小村庄，喜欢打猎的法王路易十三于1624年在此修建一所小型狩猎休息室。虽然是供国王使用，但这座房子一点也不华丽，只是一个大门朝东的三合院，不过环境优美，深受皇室成员喜爱。

是谁决定建凡尔赛宫?

　　法王路易十四觉得巴黎市区太过喧闹，经考察、权衡决定以凡尔赛的狩猎行宫为基础建造新宫殿，命建筑师路易斯·勒沃、蒙沙，园林建筑师勒·诺特和主持内饰的首席画师勒班设计，历时50年建成凡尔赛宫。

　　凡尔赛宫的南面是王妃的卧室，北面是皇室的主要活动场所，西面是国王卧室，东面是大门。1682年，法国的宫廷及中央政府迁到了凡尔赛。这时，凡尔赛宫的主体建筑总长度已经达约707米。同时，又增建了宫殿的南北两翼、教堂、橘园和大小马厩等附属建筑。

　　路易十五时期，在凡尔赛宫的北端建起了歌剧院。至此，凡尔赛宫经过近百年的扩展、重建、装饰，形成了一个能够容纳5000名朝臣、艺人和仆人居住的巨大宫殿。

凡尔赛宫的装修有多精致？

凡尔赛宫的装修可谓世界一流，墙壁、天花板上布满了名家画作，寝室、厅堂精致典雅、富丽堂皇，哪怕是普普通通的家具也是用名贵的木材精雕细琢而成。

凡尔赛宫最著名的大厅是镜廊，面临花园，其两端一边是战争沙龙，一边是和平沙龙。大厅两侧是圆拱窗，厅顶筒形拱顶绘有金碧辉煌的壁画，在狭长的比例上营造出无尽伸延的空间效果。拱窗之间是方形大理石壁柱和罗马式古典胸像，外侧拱窗之间安置着有漆金人像基座的巨型枝形水晶烛台，内侧拱窗则全部贴满镜面。白天可在镜中看到对面大花园，营造了两边都是花园的感觉；夜晚，镜面和玻璃反射水晶吊灯的灯光，如梦如幻。大厅主要用来举办宴会和舞会，也用于正式的外交礼仪活动。

凡尔赛宫的园林

　　从凡尔赛宫的平面图可以看到园林布局有两个特点：第一是强调中轴线对称；第二是强调核心放射发散。

　　凡尔赛宫的园林广阔，以运河为主轴，将园地划分为轴对称的格局。运河呈"十"字形，十字顶端正对着宫殿中央；林间大道都以宫殿这边的运河顶端呈放射形发散出去；宫殿的另一面，也有三条放射形的大道通向城区大道，其汇聚的顶点在宫殿的正门处。如此巨大的空间在深度和尺度上一收一聚，达到对中央集权形象的强调。

　　园中有宽阔挺直的林荫大道和修剪得平整如墙的树林，在每一个路口设有露台、花圃、雕像和喷泉，点缀于郁郁苍苍的园林和盈盈的碧水之间。许多雕塑以太阳神阿波罗为主题，其实是歌颂太阳王路易十四。

凡尔赛宫是一个完美的建筑吗？

世界上再美丽的东西也会有缺憾，富丽堂皇的凡尔赛宫也不例外，它存在一些建筑设计不合理的问题。如，凡尔赛宫建在细软的沙泥地上，造成有些地基下沉。又如这座宫殿过分追求奢华，却竟然没有一间厕所和洗澡间，也没有供暖设施，冬天，人在宫殿里要穿很厚的衣服。

听说，这是人和上帝说话的地方

在欧洲美丽的莱茵河畔，有一座非常奇特的教堂，它的屋顶上有许许多多的尖塔。据说，这些尖塔要表达的意思是"人与上帝的沟通"，是人们和上帝之间说话的地方。接下来，让我们一起去了解这座大教堂吧。

这座教堂在哪个国家？

德国科隆市是欧洲著名的一座历史古城，这里的科隆大教堂，与巴黎圣母院、梵蒂冈圣彼得大教堂，并称为欧洲三大教堂。科隆大教堂的主塔钟楼高158米，是世界上第三高的教堂，也是世界上第三大的哥特式教堂。

科隆大教堂建了多久？

1164年，神圣罗马帝国皇帝腓特烈一世将原存放于米兰主教教堂的"三王圣龛"赠给科隆大主教。各地来科隆朝圣的信徒骤增，原先的老教堂难以承受。

1248年8月15日，科隆主教决定以法国亚眠的主教座堂为蓝本设计，新建一座哥特式教堂。开工后，工程却时断时续，1560年因为资金原因完全停工300多年。1880年，教堂终于在开工600多年后完工。

以尖塔而闻名

科隆大教堂建在莱茵河畔的一座山丘上，共有五层，正面两座尖塔高达157米，像两把耸入云霄的宝剑。设计者的意图很明确，就是要通过高塔把人们的视线引向高空，表达人与上帝沟通的渴望。除了两个高塔作为主建筑外，旁边还有一万多个小尖塔，它的尖拱屋顶高达45米，堪称奇景奇观。

登上教堂的钟塔，在那里可以看到美丽的莱茵河和科隆城市风貌。为了让科隆大教堂保持第一高度，科隆市政府作出规定，城内所有建筑不得高过教堂。这样科隆市许多大楼在地面只建七八层，而在地下建四五层，这种做法在世界城市建筑史上也是少见的。

教堂里什么样?

科隆大教堂里共有10个礼拜堂，供神职人员使用的有100个。在教堂上装有5座响钟，声音洪亮，震耳欲聋，这也是科隆大教堂的景观一绝。

科隆大教堂里还有许多名贵的藏品和壁画。如15世纪早期科隆

派著名画家斯蒂芬·洛赫纳创作的宗教画及其他一些精致的雕塑。

科隆大教堂的伤心事

历经沧桑的科隆大教堂有很多伤心事。1942年，英美联军轰炸德国，虽然德国天主教通过罗马朝廷提出了保护教堂的请求，但教堂还是中了十多枚炸弹。

现代，科隆是德国最大的褐煤生产基地，大教堂长期受到工业废气和酸雨的污染、腐蚀，每一块石头都有了疼痛的感觉。它雄伟的双塔，已然从原来的银白色变成了黑褐色。

科隆的历史

公元前37年的罗马时代，罗马帝王奥古斯都的女婿阿格里皮在这里建军事要塞。公元50年，罗马皇后罗迪娅在这里出生，此地正式命名为科隆。795年，威斯特法伦大主教在此居住，使科隆市的宗教地位日益彰显，一系列教堂如雨后春笋般而起，故科隆有"北方的耶路"之称。

猜猜看

地面上的水晶宫

　　《西游记》里有一座水晶宫，是海龙王在大海里的王宫，门口有虾兵蟹将守卫，整座宫殿晶莹剔透，可以看到海水中种种奇异的景色。宫中还收藏各种奇珍异宝，孙悟空的如意金箍棒就是东海龙王收藏的一件宝贝。不过，这都是神话！

　　在第一届世博会上，展出了一座用玻璃和钢铁建造的水晶宫。这是一座真正的水晶宫，让我们一起去欣赏吧。

水晶宫有多大？

这座建筑面积约7.4万平方米，高三层，整个建筑通体透明，宽敞明亮，所以被称为"水晶宫"。

这是人类历史上第一次用钢铁和玻璃为材料建造的超大型建筑，出现在第一届世博会时，引起了不小的轰动呢！

为什么要建水晶宫？

1849年，在英国白金汉宫召开了一次会议，决定在1851年举办

第一届由世界各个国家参与的国际博览会，会址定在伦敦的海德公园，并要建一幢临时性的展馆，不过，这个展馆一定要很特别，能够显示大英帝国的经济实力和建筑水平，同时要求在几个月内快速建成。当时，这件大事由维多利亚女王的丈夫尔伯特亲王负责。

到底该怎么建呢？

展馆的设计方案可难坏了不少建筑师，英国还特地举办了一个国际设计竞赛，希望能找到最好的展馆设计方案。虽然收到的设计方案多达245个，却没有一个可行的。

展馆必须在一年内建成，要有宽敞明亮的内部空间，以供展览工业产品；同时展馆的会

址定在伦敦海德公园内，公园内不可能永远保留这个建筑，因此，这座展馆在展览会结束后还要便于拆迁。

有个设计师想出了好办法

正当筹办人万分焦急之时，英国设计师约瑟夫·帕克斯顿提出仿照建造园艺温室的设计方案，即用钢铁和玻璃为建筑材料，利用预制装配的方法，建造一座展馆，他这一个新奇又实用的方案被采纳了。

帕克斯顿以钢铁为骨架、玻璃为主要建材，设计了一个璀璨而华丽的水晶宫。从1850年8月建造，不到9个月时间就建成了。展览会期间，来自全世界的几百万名参观者都对它惊叹不已。帕克斯顿也因水晶宫工程被封为爵士，并以建造铁和玻璃的建筑而闻名世界。

水晶宫后来搬到哪儿去了？

　　展览会结束后，水晶宫被搬到英国南部肯特郡的塞登哈姆。重新组装时，把中央通廊部分的阶梯改为筒形拱顶，与原来纵向拱顶一起组成了交叉拱顶的外形，成了一个举行各种演出、展览会、音乐会和其他娱乐活动的场所。

　　最早的恐龙展览就是在这里举行的，当时展出了禽龙、林龙和巨齿龙等恐龙化石。不过非常遗憾，后来的一场大火把美丽的水晶宫全部毁掉了。

猜猜看

为什么要举办世博会？

世博会是"世界博览会"的简称，又叫"国际博览会"。每届由一个国家主办，由主办国政府确定本届国际博览会主题，其他国家作为参展者，通过博览会向世界展示当代的文化、科技和产业上的各种成果。

世博会是一个有特色的讲坛，鼓励人类发明创造、主动参与，把科学和情感结合起来，有助于展示科技新概念、新观念、新技术，故有世界经济、科技、文化的"奥林匹克"之称。

第一届世博会于1851年在伦敦举行，当时名叫"万国工业博览会"。2010年，在我国上海举办世博会，主题为"城市，让生活更美好"，共有240多个国家和地区参加。

谁是在云中放牧的姑娘

英国美丽的水晶宫闻名全世界，聪明的法国人也不认输。1889年，为庆祝法国革命100周年，法国巴黎也要举行世博会，并决定建造一座比水晶宫更伟大的建筑。

于是，一座几乎全部用钢材构建的建筑物屹立在巴黎塞纳河畔的战神广场上。这是从未有过的建筑物，浪漫的巴黎人还为它起了个漂亮的名字"云中牧女"，说它像一位在云中放牧的姑娘。接下来，我们就去瞧瞧这位"姑娘"吧。

谁是在云中放牧的姑娘？

　　这位"姑娘"就是气势恢弘的埃菲尔铁塔。设计师是桥梁工程师居斯塔夫·埃菲尔，所以人们称这座铁塔为"埃菲尔"。

　　埃菲尔铁塔占地面积一万平方米，除四只"脚"用混凝土水泥制作外，全身都是用钢铁制成。远远望去，埃菲尔铁塔很像一个倒写的字母"Y"。为纪念设计师埃菲尔的杰出贡献，在塔下还建有一座居斯塔夫·埃菲尔的半身铜像。

"首都的瞭望台"

　　埃菲尔铁塔共有三层，除第三层没有缝隙外，其他部分全是透空的。第一层面积最大，有四座拱门，在这里观看近景比较好；第二层观景最佳，巴黎城区里所有的著名建筑都清晰可见；第三层则适合眺望远处，整个巴黎尽收眼底。

巴黎人为什么会反对？

　　可能是埃菲尔铁塔的设计太特别了，当时的法国人并不喜欢，许多人不接受这个钢铁大家伙。建筑和城市规划专家尖刻地批评它，有一些名人，如著名作家莫泊桑和小仲马，还联名写呼吁书，认为埃菲尔铁塔会破坏巴黎的建筑艺术风格。

　　不过，随着时间的慢慢推移，也由于埃菲尔铁塔在第一次世界大战中充当了一个出色的无线电信号塔，法国人开始接受它，并在巴黎城内给了它一个正式的地位。

伟大的设计师埃菲尔

　　巴黎世博筹委会本来希望建造一所古典的，有雕像、碑体、园林和庙堂的纪念性群体，在700多件应征方案里，他们还是选中了桥梁工程师居斯塔·埃菲尔的设计：一座象征机器文明、在巴黎任何角落都能看见的巨塔。

　　当时，埃菲尔已经53岁了，面对人们对铁塔的冷嘲热讽，他

顶住压力带领工匠们完成了这个让后人为之惊叹的高大建筑。埃菲尔是一位伟大的建筑设计师，正是他的聪明才智，才让今天的我们看到这么神奇的建筑。

猜猜看

埃菲尔铁塔是怎么建成的?

客观地讲，埃菲尔铁塔其实是装配而成的。在建造时共用250多万个铆钉，每一块钢铁骨架都是用铆钉连接起来的。因此，埃菲尔铁塔成为当时席卷世界的工业革命的象征。

1887年1月28日，埃菲尔铁塔正式开工，于1889年3月31日宣告竣工。施工完全依照设计进行，中途没有进行任何改动，可见设计多么合理，计算多么精确!

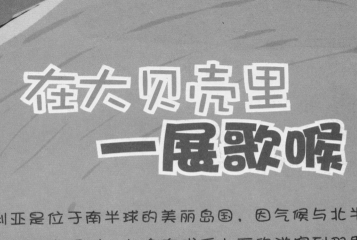

在大贝壳里一展歌喉

澳大利亚是位于南半球的美丽岛国，因气候与北半球相反，每年北半球冬季时，都会有成千上万的游客到那里去度假。在悉尼港便利朗角的海岸上，你会看到一只白贝壳般的建筑，非常美丽，又让人想到乘风出海的白色风帆！

"大贝壳"是什么？

这个"大贝壳"就是著名的悉尼歌剧院，是歌唱家一展歌喉的场所哦！

悉尼歌剧院三面环水，故有"海中歌剧院"之称，它是世界著名的歌剧院之一，不仅是澳大利亚全国表演艺术中心，也是公认的20世纪世界七大奇迹之一。

悉尼歌剧院里有音乐厅、歌剧场、戏剧场、儿童剧场和一个摄影场，每周这里都要举行音乐会、拍卖会和其他各种活动，是悉尼最受欢迎的地方。

谁是"大贝壳"的设计师？

1956年，丹麦37岁的建筑设计师约恩·乌松看到澳洲政府向海外征集悉尼歌剧院设计方案的广告。虽然他对远在南半球的悉尼城一无所知，但他凭着从小生活在海边渔村的生活积累带给他的灵感，做出设计方案。不过他后来说，他的设计理念既不是船

帆也不是贝壳，而是切开的橘子瓣，但他对前两个比喻也非常满意。在他寄出设计方案时，根本没有想到这个"大贝壳"不久会在遥远的南半球出现。

可惜的是，当年由于和澳大利亚政府发生了争执，乌松在歌剧院全部完工之前就离开了澳大利亚。直到2008年他去世，都没能亲眼看见自己的伟大设计。

悉尼歌剧院有多大？

远看悉尼歌剧院，就像被海浪冲上岸的一只只白贝壳。白色的屋顶由10块大"海贝"组成，最大的一块高达67米。

悉尼歌剧院占地1.84公顷，长183米，宽118米，高67米，相当于20层楼的高度。它建在一座很高的混凝土平台上，桃红色花岗石铺面。

"大贝壳"里面有什么？

壳体的开口处是休息厅，厅内有一片由2000多块高4米、宽2.5米的法国玻璃板镶成的墙面。

休息厅的旁边，是音乐厅和歌剧厅。音乐厅内可容纳2700名听众。歌剧厅除有1550个坐席外，还有配有转台和升降台的440平方米的大舞台，可接待高规格大型演出。

舞台配有两幅法国织造的毛料华丽的幕布，一幅名为"日暮"，是用红、黄、粉红三色织成的图案，好似道道霞光普照大地；另一幅名为"月幕"，是用深蓝、绿色、棕色组成，犹如一弯新月隐挂云端。

厅内的电气设施更是一应俱全，现代舞台灯具、控制计算机、闭路电视休息厅等应有尽有。

大贝壳里还有一个能容纳420人的小剧场，以及电影厅、陈列厅、接待厅、各种排练场、化妆室、图书馆、展览室、录音室、酒吧等大小房间900多个。

中国有哪些歌手在悉尼歌剧院开过演唱会？

悉尼歌剧院世界闻名，能在那里演出的，绝非平庸之辈。中国歌手宋祖英、李玉刚都在悉尼歌剧院开过个人演唱会哦！

宋祖英是中国唯一在国外举办过三场演唱会的民族歌唱家。而李玉刚的"盛世霓裳"个人演唱会在悉尼歌剧院也成功举办。此外，女子国乐团"东方茉莉"在悉尼歌剧院举行了《东方茉莉·花开悉尼》大型主题音乐会。

猜猜看

中国的巨龙

从高空俯瞰中华大地的北方，可以看到一条巨龙在崇山峻岭之间蜿蜒盘旋，从东到西，气势磅礴，这是中华民族创造的一个奇迹，每一个中国人都以此为荣。现在让我们一起走近这条中国巨龙——万里长城，看看它的前世和今生吧！

为什么要修长城？

长城始建于战国时期，魏、燕、赵、秦等国，为抵抗北方胡人的不断南侵，相继在各国的北方修筑了长城，用来保卫各国领土，这是万里长城的前身。

秦始皇统一中国后，为了抵抗北方胡人，下令以秦、赵、燕三国的北方长城为基础，修缮增筑，修筑起一段西起临洮、东至辽东的长城，这是秦长城。

西汉时，为了抵抗匈奴的不断南侵，保护通往西域的河西走廊，除修茸秦长城外，又增建了东、西两段长城，西段经甘肃敦煌到新疆，东段经内蒙古的狼山、阴山、赤峰达吉林，这是汉长城。

汉朝以后直到明末，凡是中原汉族所建王朝，都会修缮和增筑长城，其中以明代的修筑工程为最大，建成了西起嘉峪关、东至鸭绿江长达6 000多公里的长城。今存长城多为明代长城。

长城的修筑到清代就停止了，停修的原因也很简单，因为长城的修建主要是农耕的汉民族为了防御北方游牧民族的不断南侵，满族统治者入关建立清朝后，成为大一统的多民族国家，长城的防御作用没有了，因此也用不着再修建了。

长城真的有一万里长吗？

万里长城，真的有那么长吗？万里长城可不是夸张的说法，从东边的山海关到西边的嘉峪关，长达一万两千多里，横贯我国的东北和中西部九个省区。

建长城可不容易啊!

　　虽然说长城是防御设施,捍卫了中国北部边疆的安定,但修筑长城也消耗了大量的民力、财力。据统计,秦朝全国人口约有2000万,被征用修筑长城的民夫工匠就达50多万。修筑长城要用大量的石头和土,那时没有火车、汽车、起重机,仅仅凭无数民工的肩膀和双手,把大量的石头和土运上陡峭的山岭,不仅需要力量,更需要智慧。因此,每个登上长城的人,都会对浩大的工程惊叹不已。

最有名的一段长城在哪里？

明长城是历代长城中质量最好的，最有名的一段长城是北京延庆的八达岭长城，中外游客到北京，都要登上八达岭长城，做一回"好汉"。

这一段长城，不论是城门还是城墙，都是用整齐的条石和城砖砌成，极为坚固。城墙的顶上由方砖铺成，十分平整，可供五六匹马并驾齐驱。城墙外侧有两米多高的垛口，垛口上面有瞭望洞，下面有射击口，用来观察外面敌情和射击敌人。城墙顶上每隔300多米，就有一座方形的城台。打仗时，城台之间的士兵可以互相呼应，共同抵御敌人的进攻。在八达岭口之外，还有零散的烟墩和土筑的城墙，这都是关城的前哨防线。

孟姜女哭倒长城是怎么一回事？

孟姜女哭倒长城是一个传说，也叫"孟姜女千里寻夫"。传说，孟姜女的丈夫叫万喜良，两人过着简朴恩爱的生活。一天，万喜良被官府征去修筑长城，远离他乡，从此杳无音信。孟姜女思夫心切，带上寒衣，不远万里去边塞寻找丈夫。她得知丈夫已经死去，伤心欲绝，在长城下整整哭了十天，凄惨的哭声竟然使一段长城崩裂坍塌，她在倒塌的城墙废墟中找到了丈夫的尸骸……

蒙娜丽莎在哪里

达·芬奇的《蒙娜丽莎》是一幅世界级名画，那神秘的笑容几百年来不知让多少人为之沉醉，也不知有多少人在苦苦寻找着背后的秘密：蒙娜丽莎是一个怎样的女人？她为什么如此微笑？……我们现在还能看到这幅画的真迹吗？它现在在哪里呢？接下来的内容会告诉你答案。

蒙娜丽莎在哪里？

名画《蒙娜丽莎》现藏于法国卢浮宫。卢浮宫位于法国巴黎市中心的塞纳河北岸，始建于1204年，原是法国王室的城堡，历经800多年的扩建、重修，达到今天的规模，是世界上最古老、最大、最著名的博物馆之一。

卢浮宫怎么变成了博物馆？

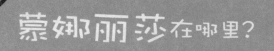

1204年，菲利普二世认为王室中的那些档案以及珍宝很重要，有必要盖一个小城堡来收藏、保管，于是下令在塞纳河畔修筑一座小城堡，这就是最早的卢浮宫。

14世纪，城堡被改为王宫。在此后的几百年中，都是帝王起居行乐的宫闱（wéi）而已，与世界上那些豪华的宫殿没有什么区别。

16世纪初，弗朗索瓦一世开始在卢浮宫收藏一些美术珍品。路易十四逝世后，卢浮宫已经成为经常展出各种绘画和雕塑作品的一个场所。

　　1793年，卢浮宫艺术馆正式对外开放，成为一个博物馆。

现在的卢浮宫是谁设计的？

　　现代卢浮宫是一位移民到美国的中国人——贝聿铭设计的，他是世界顶级建筑设计师之一。他匠心独运，对卢浮宫进行改建、扩建，把两万多平方米的建筑放在地下，包括视听中心、电影厅、图书馆、音乐中心、咖啡馆、商店和可容纳1000辆小汽车的停车场等，卢浮宫博物馆的服务功能因此而更加齐全。

卢浮宫有哪"三宝"？

　　卢浮宫里有数不清的奇珍异宝，藏品数量超过2.5万件。最著名的是"卢浮宫三宝"。

　　一是名画《蒙娜丽莎》，存放于卢浮宫二楼中间大厅中，由玻璃罩保护着。玻璃罩周围散发着柔和的灯光，观众可以清晰地看到画面的所有细节。

　　二是石雕《胜利女神》，是公元前3世纪的艺术品。胜利女神站在石墩上，虽然失去了头部和双臂，但在人们的眼里仍然是那么完美，每天都有成千上万的人来观赏和瞻仰。

　　三是《米罗的维纳斯》，创作于公元前2世纪末。维纳斯虽然没有胳膊，但身体线条优美流畅，她那端庄、自然的神态，让无数参观者为之倾倒，被公认为是展现女性美的最佳力作。

为什么"维纳斯"没有了胳膊？

"维纳斯"能收藏在卢浮宫是件很偶然的事情。1820年，希腊爱琴海米洛岛上的一位农民在挖土时发现了一尊美女神像。消息传出，正好有一艘法国军舰泊在米洛港，舰长得知消息后立即赶到现场，想买下，却没有现金。结果，"维纳斯"被一位希腊商人买下。眼见宝物就要失去，舰长不甘心，立即开舰前去阻拦。双方发生混战，结果雕像的双臂被打碎。后来，舰长还是买下了雕像，就这样，"维纳斯"被运到法国，贡献给法国国王。

这个洞里 神仙多

　　"大漠孤烟直，长河落日圆。"这是诗人描绘的边塞苍凉景色。其实，在沙漠中也藏有许多稀世珍宝。我国甘肃敦煌市鸣沙山，在古代曾是丝绸之路的重要关卡，后来因气候变化，逐渐成为荒凉之地。谁也没有想到，在这片黄沙之下竟然隐藏着一个巨大的艺术宝库！人们究竟发现了什么呢？接下来的内容不能错过哦！

石窟里有什么秘密？

在河西走廊西端的敦煌，人们发现了许多石窟寺。年代最早的石窟寺始于十六国时期，经过十六国、北朝、隋、唐、五代、西夏、元等历代的兴建，形成巨大的规模，共建石窟寺735座，壁画45000平方米，彩塑24000余身，飞天4000余身，唐、宋木结构建筑5座，莲花柱石和铺地花砖数千块。敦煌石窟是世界上现存最大、内容最丰富和使用时间最长的佛教艺术宝库，被誉为20世纪最有价值的文化发现。

"千佛洞"

因为内藏数不清的佛祖神仙雕塑和画像，又被称为"千佛洞"。石窟位于甘肃敦煌市东南25公里处，开凿在鸣沙山东麓断崖上。南北长约1600多米，上下排列五层，高低错落有致。

"千佛洞"之最

千佛洞最让人震惊的是洞里的壁画。几乎所有的石窟洞壁上都有壁画，这里是壁画的天堂，如此大规模的洞穴壁画在世界上也是罕见的。壁画大多数描绘各种佛、菩萨、天王及其说法场面，也有的是表现佛教史迹，讲述佛教在印度、中国、中亚等地区传播的情况。最宝贵的是那些反映当时社会生活场景、生产劳动场面、人们的衣冠服饰、古代建筑造型、音乐、舞蹈、杂技等的壁画。由于石窟是不同时代开凿的，因此壁画内容有很长的历史跨度。

谁首先在这里开凿石窟？

据莫高窟的碑文记载，公元366年，有位叫乐尊的僧人云游到鸣沙山东麓脚下。此时，太阳西下，夕阳照射在对面的三危山上。他举目观看，忽然间发现山顶上金光万道，如现万佛，乐尊被这夕阳映照的沙漠奇景震撼了，认为这就是佛光显现，认定此地是佛祖的圣地。于是乐尊顶礼膜拜，决心在这里拜佛修行，便请来工匠，在悬崖峭壁上开凿了第一个石窟寺。

74

从此，历代高僧，甚至许多当地的官府要员，都参与石窟的开凿，从十六国时期到元代，一直不曾停止过，营建时间长达千年，终于形成了这一规模宏大、内容丰富的石窟群。

敦煌飞天有什么秘密？

敦煌壁画中的飞天，是敦煌文化的象征。在长达一千多年的艺术创作中，敦煌飞天的造型呈现出鲜明的时代特征。北魏窟中的飞天，脸型由椭圆变得长而丰满；西魏窟中的飞天，脸型出现清瘦、额宽颐窄的特征；北周窟中的飞天，脸型具有"面短而艳"的特征；隋唐窟中，出现了姿势优美的双飞天；唐代晚期的飞天形象，已经从浓丽转为淡雅，呈现出"天人共悲"的宗教境界；元窟中的飞天，是女童的形象。了解多姿多彩的飞天，可以帮助我们从侧面了解敦煌文化的丰富内涵。

猜猜看

建在高山上的城堡

　　有一位美丽的唐朝公主为促进汉藏民族的统一，不远万里嫁到遥远的吐蕃国，也就是今天的西藏。吐蕃国王为迎娶她，在拉萨红山上修建了一座漂亮的城堡，作为他们结婚的"洞房"。这个"洞房"长什么样子呢？下面我们就去看看吧。

告诉你"洞房"的名字

这座美丽的"洞房"就是依山建造的巨大城堡——布达拉宫。

布达拉宫是西藏最大的宫堡式建筑群，有"世界十大土木石杰出建筑之一"的誉称。布达拉宫最早是吐蕃国王松赞干布迎接新娘文成公主的"洞房"，后来成为历代达赖生活起居和进行重大宗教、政治活动的场所。

为什么西藏国王要娶唐朝公主？

你可能会问，一个吐蕃国王为什么偏偏要娶唐朝公主呢？路途那么遥远，语言风俗又不同，生活起来多麻烦呀！其实这是吐蕃国王松赞干布为国家发展所做的一个重大决定。

生活在青藏高原的人们主要是藏族。藏族是中国古老民族羌族的后裔。从汉代以来，西藏地区的一些农业部落逐渐兴盛起来，形成一些小部落。公元7世纪，松赞干布成为吐蕃赞普（吐蕃国王），征服了雪域高原，在逻娑（现在的西藏自治区拉萨市）建立起统一强大的奴隶制政权"吐蕃"王朝。

松赞干布是一位雄才大略的政治家，他明白要想使吐蕃王朝稳定持久下去，抗击南部的侵略势力，就必须与强大的唐王朝建立密切关系，这样才能长治久安，赢得生存发展的机遇。于是，从公元634年开始，他两次派遣聪明机智的大相禄东赞出使长安，向唐朝皇帝提出联姻。公元641年，唐太宗李世民终于同意了松赞干布的请求，答应把宗室女文成公主嫁给他。为了迎娶文成公主及其侍从，松赞干布在拉萨市的红山上，大兴土木建筑了宫室和城郭。

现在的布达拉宫和以前一样吗？

1300多年前，松赞干布在红山上修建了一座九层的高楼，里面有一千多间屋子，取名为布达拉宫。

后来，布达拉宫在风吹雨打和战乱中逐渐损坏。至明代末期，布达拉宫大部分建筑已被毁。这时，五世达赖建立噶丹颇章王朝，于1645年开始重建布达拉宫，工程至1693年才完成。1690～1694年，第巴桑杰嘉错主持修建了以五世达赖喇嘛灵塔殿为主的红宫配套建筑群，基本形成现代布达拉宫的建筑规模。

十三世达赖喇嘛在位期间，在白宫东侧增建了东日光殿，在布达拉宫山脚下增建了部分附属建筑。

1934～1936年修建十三世达赖喇嘛灵塔殿，与红宫结成统一整体。从17世纪开始的布达拉宫重建和增扩工程至此全部完成。

现在的布达拉宫有多大？

现在的布达拉宫共十三层，最为醒目的建筑就是白宫和红宫。

白宫是达赖日常生活和举行宗教、政治活动的场所，包括东大殿、日光殿、坛城殿、极乐宫等殿堂。殿外是一个非常宽阔的平台，站在这里，拉萨广场的风景尽收眼底。

红宫坐北朝南，共有六层，位于布达拉宫的中部，主要有西大殿、殊胜三界殿和各种佛堂等。

猜猜看

文成公主去西藏带了什么？

公元641年，文成公主在吐蕃特使和唐王朝大批侍从的陪同下，踏上通往青藏高原的漫漫征程。文成公主远嫁西藏，实现唐朝和吐蕃联姻，极大地加强了汉族、藏族的联系，促进了西藏地区的社会经济和文化的发展，影响深远。当年文成公主去吐蕃，不仅带去大量的金银财宝、丝绸、精致的手工艺品，还带去了唐朝的经史、诗文、佛经、工艺、医药、历法等书籍，还包括许多蔬菜的种子。

空中也能盖房子

　　盖房子都要先打好地基，没有地基的房子是不结实的。但也有特例，在北岳恒山的一个悬崖峭壁上有一座悬在半空的寺庙，它显然没有地基，却存在了1500多年，这其中有什么科学道理？我们的先人是怎样把房子盖成悬空的呢？请跟着我去看一看吧。

这座寺庙叫什么?

在山西省浑源县恒山金龙峡西侧翠屏峰的半山崖，离地面约有50多米的高处，有一座"悬空阁"，名字取自道家思想中的"玄"和佛家思想中的"空"，后来人们称它为"悬空寺"，因为这座寺庙确实是悬挂在山崖上的，而且"悬"和"玄"谐音，在口语中没有什么区别。

是哪位能工巧匠建的?

具体建造者的名字已经无从考证了，只知悬空寺是在北魏王朝后期建造的，那时，北魏王朝把道坛从平城迁至此地，按照道家"不闻鸡鸣犬吠之声"的要求建造了悬空寺。

悬空寺是一种奇特的建筑形式，在世界上都是罕见的，而且它是我国唯一一座佛教、道教、儒教三教合一的寺庙。远远看去，悬空寺像一个玲珑剔透的浮雕房子，镶嵌在悬崖峭壁之间，如果登上寺庙，你可能还会有些害怕呢!

悬空寺有哪些奇妙的地方?

悬空寺最值得称奇之处就是它的设计和建造的位置。悬空寺建于悬崖凹处，整个建筑都悬挂在

石崖的中间。两边突出的山崖缓解了风力，东边的天峰岭又挡住了太阳，每天平均日照时间只有2个小时。刮风、下雨、日晒对它的影响都不大。石崖顶峰突出，像是一把大伞，保护悬空寺免受雨水冲刷，即使山下发了大水，高高在上的悬空寺也不用担心会被洪水淹没。

悬空寺是怎么"挂"上去的？

现在，悬空寺距离地面五十多米。据专家考证，悬空寺刚建成时与地面的垂直高度近一百米。当然，这不是说悬空寺下降了近五十米，而是这一千多年来，河水、山洪不断把泥沙冲到峡谷里，使地面不断抬高了约五十米。

从山下看悬空寺，好像是整座寺只被十几根并不太粗的木柱子支撑着，令人感到不可思议。悬空寺毕竟是有40间殿阁的大建筑，仅靠这十几根并不太粗的木柱子支撑起来，怎能不让人疑虑重重呢？

其实，悬空寺建在坚硬的岩石上，里面建在岩洞内，只是在洞口处采用木构建筑。在底下起支撑作用的木柱子，也只有几根是承重的，其他木柱子只起装饰作用。由于悬空寺的重心建在坚硬的岩石上，所以整体非常安全。

猜猜看

刻在悬空寺崖壁上的字是谁写的？

悬空寺是历代文人墨客向往的地方，在它北面的岩壁上刻着"壮观"两个字，笔力遒劲，气势磅礴，相传是唐代大诗人李白所书。传说李白游历太原后，到雁门一带游览恒山，进入金龙峡后，被悬空寺奇险的建筑深深吸引。不知什么原因，这位诗仙没能留下诗篇，却在石崖上写下了"壮观"二字。书写完后，觉得这里实在太壮观了，又随手一挥在"壮"字的"士"内加了一点，大概是用多一"点"来表示"太壮观"了吧。

皇帝家里房间多

北京是一座历史悠久的城市，古代先后有几个王朝在这里建都。北京最有特色的建筑群，是规模宏大、金碧辉煌的故宫，也就是明清两代的皇宫。凡来北京的人肯定都要到故宫看看。在古代，皇宫是不允许普通百姓参观的，甚至靠近皇宫都犯法，现在每个人都可以随时进去游览啦。

揭开它的面纱

北京故宫，是世界上现存最大、最完整的古建筑群，明代名紫禁城。在长达500年的时间里，这里一直是明清王朝的权力中心和帝后寝宫，先后有24位皇帝在这里生活过。

故宫有多少间房？

相传故宫里有9999间房。假如一个新出生的婴儿在每间屋子里住一天，把故宫里的房间都住完时，他已是27岁了。专家根据古代"四柱一间房"的标准，对故宫房屋进行现场勘测，知道现在故宫共有8707间房。

这么多的房间都是干什么用的？

故宫的南部，是皇帝处理政务，举行国家重大庆典活动的地方，俗称"前朝"，以位于中轴线上的太和、中和、保和三大殿为中心。这三殿都建于平面为"土"字形的三层高台上。太和殿即民间俗称的金銮殿，是明清两朝皇帝举行庆典活动的场所。外朝三大殿建筑群与文华殿、武英殿建筑群，在布局上形成"左辅右弼（bì）"之势。

故宫的北部，是皇帝和嫔妃生活的场所，俗称"后宫"，以位于中轴线上的乾清宫、交泰殿和坤宁宫为中心，东西两侧建有东六宫和西六宫，在布局上形成"众星捧月"之势。乾清宫是皇帝休息的寝宫，坤宁宫在明朝时是皇后的寝宫，在清朝时是皇后大婚时的寝宫和祭祀萨满神的场所。坤宁宫北部，是皇帝和嫔妃们休息、游乐的御花园。

故宫有几座大门？

故宫是一座长方形的城堡，能进出这座城堡的大门只有四座。

南门，是紫禁城的正门，是紫禁城等级最高、体积最大、最为宏伟壮观的一座城门，位于北京城南北中轴线上，因城楼居南侧而向阳，故名"午门"。午门平面呈凹字形，左右两侧有双阙（què）前出，呈拱卫状，是中国古代建筑门阙合一形式的完美体现。

午门墩台的下部正面开有三门，左右城阙东西向各开一个掖门。从背面看，午门是一排五个门洞的城门。按清代规制，平时上朝，文武官员走东偏门，宗室王公走西偏门，左右掖门一般不开。

东门，名东华门。是紫禁城的东侧门，平时是朝臣及内阁官员进出紫禁城的宫门，皇帝从来都不从此门出入，但皇帝死后的梓棺、神牌则出此大门。

西门，名西华门。是紫禁城的西宫门，因西华门正对着西苑，帝后去西苑时要出入此门。参加宫中庆典的人们，也出入西华门。清代时，设立在武英殿的修书处等机构和内务府均在西华门内，一些文人学士、修书工匠到修书处办公，内务府官员入宫办事，均走西华门。

北门，名神武门。位于紫禁城的北面正中。设门洞三座，清代帝后经神武门进出紫禁城时，由正门出入；妃嫔、官吏、侍卫、太监及工匠等均由偏门出入。清宫选秀女由神武门出入。墩台东西两侧有便于车马行走的马道。

猜猜看

午门只能皇帝一个人走吗？

故宫的正门是午门，门楼上有钟鼓，每当有重大庆典活动，就要敲钟击鼓。

明清时期，进出宫门有讲究，午门下有好几个门洞，不是想走哪一个门洞都可以的。正门是皇帝才可通行的，除了皇帝之外，能走正门的人不多：一是皇帝大婚时，皇后有幸走一次；二是殿试考取前三名可以走一次，"享受"一下皇帝的威仪。

俄罗斯人的骄傲

俄罗斯有一句谚语："莫斯科大地上，唯见克里姆林宫高耸；克里姆林宫上，唯见遥遥苍穹。"克里姆林宫，是让俄罗斯人自豪的建筑。

克里姆林宫也是一座皇宫，高大的围墙、金顶的教堂、古老的阁楼，构成了俄罗斯人心目中的"建筑经典"。下面我们就去看看吧。

克里姆林宫始建于何时？

俄语"克里姆林"，是"城垒"或者"内城"的意思。在12世纪初，多尔戈鲁基大公在波罗维茨低丘上修筑了一个木结构的城堡。到15世纪末，克里姆林宫是历代沙皇的宫殿，成为国家政权和宗教权力的所在地。

克里姆林宫位于俄罗斯的莫斯科市中心，是俄罗斯的标志之一。包括克里姆林宫周围的红场和教堂广场，组成了规模宏大、设计精美的建筑群。

1918年，莫斯科重新成为苏联的首都，克里姆林宫成为苏联最高权力机关的工作地点。现在，俄罗斯联邦总统的官邸也在克里姆林宫。

最高的宫殿是哪座？

人们从远处遥望克里姆林宫，一眼就可以看到一座金色屋顶的钟楼，高高地矗立在克里姆林宫建筑群中，这就是教堂广场上的伊凡大帝钟楼，在古时是信号台和瞭望台，现在可沿

台阶登入塔楼之顶，饱览莫斯科市的全景。

伊凡大帝钟楼始建钟楼在16世纪初时原为三层，以后增至五层，并冠以金顶。从第三层往上逐渐变小，外貌呈八方体层叠之状，每一棱面上都开有一拱形窗口，并置有一座自鸣钟。

"钟王"和"炮王"

著名的"钟王"就在塔楼附近，它是世界上最大的钟，1735年用铜锡合金浇铸而成。大钟的顶端有一个十字架，铜钟外壁铸有精美的图案和花纹。一面铸有沙皇阿列克谢与皇后安娜的像，还有五幅神像。旁边有几行赞颂圣母和女皇陛下的铭文，这些雕刻历经风雨沧桑，仍然清晰醒目。但它铸成后敲第一下时就出现了裂痕，因此《美国百科全书》称它为"世界上从未敲响的大钟"。

在塔楼周围还有一尊"炮王"。炮王于1586年制成，前面摆着四个炮弹，炮架上也有精美的浮雕，其中有沙皇费多尔像。不过，这门大炮从来没有上过战场，只是当时铸造工艺的见证。

大广场为什么还叫红场？

红场位于克里姆林宫东墙外，呈长方形，南北长，东西窄，总面积9万平方米，青石块路面，显得整洁而古朴。每逢盛大的国家庆典，都要在红场举行庆祝活动。红场的来历与15世纪莫斯科市一场大火灾有关，火灾过后出现了一片空旷的场地，人们称其为"火烧场"。17世纪开始，莫斯科人把这个"火烧场"改名为"红场"。19世纪初，俄罗斯击溃拿破仑的军事入侵，重建被拿破仑纵火烧毁的莫斯科城，红场被拓宽了。

1917年十月革命胜利后，莫斯科成为首都，红场成为人民举行庆祝活动、集会和阅兵的地方。列宁陵墓就位于红场克里姆林宫宫墙正中的前面。

猜猜看

为什么希特勒轰炸克里姆林宫没有成功？

第二次世界大战时，希特勒特别想摧毁克里姆林宫。1941年7月22日，德军派127架轰炸机去空袭莫斯科，目标是炸毁克里姆林宫。但德军轰炸机到莫斯科上空后，只是随便扔了几枚炸弹就返航了。这是为什么？原来苏联军事部门采取了伪装方案，让克里姆林宫在德军轰炸机的视线中消失了。

唐僧西天取来的
经书放哪儿了

　　小朋友们都喜欢看《西游记》，孙悟空、猪八戒、沙和尚和小龙马，为护送师傅唐僧去西天取经，一路上与妖魔鬼怪战斗，历尽千辛万苦，终于从西天取回经书。

　　现在，我们来聊聊唐僧，中国历史上真的有唐僧这个人吗？唐僧从西天取回的经书放哪儿了？

唐僧取经的故事是真的吗？

唐僧去西天取经，确实是一件历史事实。唐太宗时，高僧玄奘西出玉门关，沿着"丝绸之路"走了近三年，到达印度（当时叫天竺）。玄奘拜那烂陀寺戒贤长老为师，用五年在天竺寻道，遍游天竺全国，之后在那烂陀寺任主讲，地位仅次于恩师戒贤。后来，玄奘受邀参加了古印度规格很高的佛教学术盛会。在会上，玄奘法师为论主，连续十八日无人能发论辩驳过他，获得很高的荣誉。公元645年，玄奘携带佛舍利、上百部贝叶梵文真经及八尊金银佛像回到长安。

玄奘在取经路上先后收三个徒弟，一路与妖魔鬼怪战斗的故事，是佛教徒演绎出来的，先是以唱文形式口头流传，在明代由吴承恩编撰成文学名著《西游记》。

玄奘从天竺取回的佛教经典和佛像，就放在西安市大雁塔内。小朋友，你知道这是为什么吗？

大雁塔在哪呢？

唐都长安，就是现在陕西省西安市。据史料记载，玄奘从印度回到长安后，朝廷为玄奘修建了一座大慈恩寺，让他任该寺主持，专心致力于佛经翻译事业。后来，玄奘向皇帝申请盖一座塔，供奉和珍藏带回的佛经、金银佛像、舍利等宝物。唐高宗李治批准了这个计划，在大慈恩寺院内修建了一座五层砖方塔，里面供奉玄奘从天竺带回来的佛像、舍利和梵文经典。因塔建于大慈恩寺院内，故名大慈恩寺塔。又因此塔造型仿自印度雁塔，故又名大雁塔。武则天时期，对大雁塔进行重建，建成一座七层青砖塔。

大雁塔长什么样子？

大雁塔和平时常见的六方佛塔不同，塔体呈方锥形，平面呈正方形。具体说，大雁塔是一座砖仿木结构的阁楼式砖塔，由塔基、塔身、塔刹组成。塔身有七层，每层的面积都减少一点，在大雁塔的底层有四个石门，门梁上雕刻着精美的佛像。每一层的四面都开有一个拱形门洞，可以眺望远处。塔内建有木扶梯，人沿着木扶梯可以登上塔顶。塔底层四面皆有石门，门楣（wéi）上均有精美的线刻佛像，西门楣为阿弥陀佛说法图，图中刻有富丽堂皇的殿堂。画面布局严谨，线条遒（qiú）劲流畅，传为唐代画家阎立本的手笔。底层南门洞两侧镶嵌着唐代书法家褚遂良所书，唐太宗李世民所撰《大唐三藏圣教序》和唐高宗李治所撰《述三藏圣教序记》两通石碑，具有很高艺术价值，人称"二圣三绝碑"。

五代时，对大雁塔再次修葺（qì）。后来西安地区发生了几次大地震，大雁塔的塔顶震落，塔身震裂。现今所见的大雁塔，是在唐代塔形的外表又完整地砌上一层砖包层，看上去比以前更宽大。

大雁塔为何会慢慢地向西北方向倾斜？

人们发现，大雁塔在慢慢向西北方向倾斜。据说在1719年就发现塔身开始倾斜了。通过测量发现，大雁塔平均每年朝西北方向倾斜1毫米。

据建筑师分析，大雁塔逐渐倾斜的原因是古塔的地基处理得不够好，加上古塔防水和排水不畅所致。特别是20世纪60年代，大雁塔周边过量开采过地下水，引起地面大范围的不均匀沉降，加速了大雁塔的倾斜。经过20多年的综合整治，大雁塔的倾斜状况已明显趋于缓和和稳定。

大雁塔和大雁有关吗？

印度摩揭陀国一个寺院信奉小乘佛教，吃三净食（雁、鹿、犊肉）。一天，空中飞来一群雁，有个和尚说："正好今天大家没有饭吃，菩萨应该知道我们的肚子饿了。"刚说完，一只雁便掉在地上。他非常惊喜，回去告诉众僧，觉得这是佛祖在教化他们。于是便在雁落之处建了一座塔，取名雁塔。玄奘在印度时看过这座雁塔，回国后就在大慈恩寺也建了一座雁塔，为了和荐福寺小一点的雁塔相区别，故名"大雁塔"。

猜猜看

95

伊斯兰教的
圣地

基督教、佛教和伊斯兰教是世界三大宗教。因宗教信仰的缘故，信徒们往往把宗教寺庙建造得非常宏伟。小朋友们已经知道了著名的教堂和佛塔，现在我们一起去了解伊斯兰教最大的清真寺吧！

最大的清真寺

麦加大清真寺是世界著名的清真大寺，是伊斯兰教的第一大圣寺，位于沙特阿拉伯麦加城的中心。因为《古兰经》说这里禁止凶杀、抢劫、械斗，故又名"禁寺"。

麦加大清真寺经过多次扩建，总面积有18万平方米，能容纳50万穆斯林同时做礼拜。它有25道精雕细刻的大门和7座92米高的尖塔，还有6道小门，24米高的围墙把门和尖塔连接起来。这7座塔围绕着大清真寺，象征一星期的天数。

南边的"大方块"是什么？

麦加大清真寺广场的南边有一个"大方块"，是一座立方体的圣殿，名叫"克尔白"，意思是"方形房屋"，圣殿又称"天房"。克尔白有两扇特别贵重的大门，用赤金铸成，位于东北侧。

在天房外东南角1.5米高的墙上，用银框镶嵌着一块黑黑的石头。这不是一块普通的石头，是被穆斯林视为圣物的"玄石"。每个来朝拜的人都要和这块石头亲吻，举双手表示敬意。

来朝拜的人们要怎么做？

每年伊斯兰教历的十二月，来自世界各地的穆斯林都来到麦加大清真寺，朝拜他们的真主和圣地、圣石。这些人按逆时针方向，绕克尔白和玄石走7圈，每路过玄石时都要表示敬意。

麦加大清真寺内有一口古井，井水清凉甘甜，穆斯林相信水里有福泽，一直把它看做圣水。来朝拜的人转完克尔白之后，都要来这里喝水，祈求吉祥。还要带一些圣水回家乡，当做珍贵的礼物送给亲友。

麦加大清真寺的来历

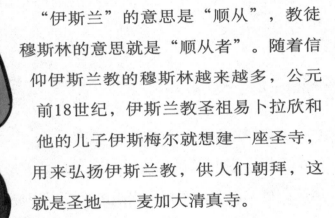

"伊斯兰"的意思是"顺从"，教徒穆斯林的意思就是"顺从者"。随着信仰伊斯兰教的穆斯林越来越多，公元前18世纪，伊斯兰教圣祖易卜拉欣和他的儿子伊斯梅尔就想建一座圣寺，用来弘扬伊斯兰教，供人们朝拜，这就是圣地——麦加大清真寺。

猜猜看

谁都可以进到麦加大清真寺里吗？

麦加大清真寺有严格的规定，只有虔诚的穆斯林才可以进去。就算你是新闻记者，也会被拒之门外。当然，你可以到麦加城去旅游，感受那里的宗教氛围，但大清真寺就进不去喽。

穆斯林的宗教习俗有很多，比如有许多种肉不能吃。那些能吃的牛、羊肉，也要请清真寺里的阿訇来宰，宰之前还要祷告。穆斯林不许喝酒，有些地区的穆斯林还禁止抽烟。

你知道大本钟吗？

古人用烧信香、滴水或者看日光投影位置等方式来确定时间，直到900多年前，中国人发明了第一个钟表——"铜壶滴漏"，人们才能够更准确地知道时间。现在有各种各样的钟表，大体上分机械表和电子表两类。英国伦敦有一块非常著名的大型机械钟，我们一起去瞧一瞧吧！

为什么叫"大本钟"？

英国议会大厦，即威斯敏斯特宫，是英国国会的所在地。威斯敏斯特宫是哥特复兴式建筑的代表作之一，1987年被列为世界文化遗产。

我们想了解的英国著名的"大本钟"，得名于监制大钟工程的工务大臣本杰明·霍尔爵士。为纪念他的功绩，取名叫做"大本钟"，"本"，是"本杰明"的昵称。因为大本钟安装在英国议会大厦西北角的钟楼上，又名"威斯敏斯特宫报时钟"。

1857年该钟出现裂痕，于1859年重新铸造。大本钟之所以有名，一是它报时非常准确，二是它重达13吨，是一座巨大的铜钟。当大钟鸣响报时的一刻，钟声通过英国广播公司(BBC)电台响彻四方。

大本钟里面什么样?

　　钟楼顶部的钟房，是一座巨大的矩形四面时钟。钟楼拥有5座时钟，每过一刻都会报时。最有名的一座为大本钟，每过一小时击打一次。尽管"大本"原指该钟表本身，今天已经被人们习惯用来称呼整座塔楼。

　　大本钟的心脏是内部的钟室。钟室内是一座16英尺高的复杂装置，包括齿轮、杠杆和滑轮。它几乎从未停止过运转。大本钟以格林尼治的天文台计时仪器来校准时间。据说其准确性是这样来保持的：围绕着十三英尺长的钟摆的一个环上，放着三小堆铜币，整个装置的平衡非常精密，只要取走一枚半便士的铜币，大钟就会在两天之内慢一秒钟。二战期间，伦敦经历了一千多次空袭，大本钟依然屹立不倒，报时也非常准确。

大本钟停过吗?

　　2005年5月27日，大本钟突然停走了一个半小时，技术人员始终也没搞清楚大本钟停

大本钟还能做什么？

大本钟还可以用于科学实验，证实光速和音速的区别。

一个人站在钟楼下面，他会听见大本钟的钟声，比看到大钟被敲响的时间慢了六分之一秒。如果把一个麦克风放在大本钟的附近，再通过无线电台把钟声传出去，远方收听者会比站在钟楼下的人更早听到钟声。如果远方收听者将钟声再用无线电台传给站在钟下的观察者，那无线电台发回的钟声也会早于真正的钟声。

猜猜看

走的原因。有些人猜测是天气太热了，因为那天气温超过30摄氏度。2009年，大本钟已过150岁的生日。负责大本钟维护的钟表师说，大本钟每三天就会用完动力，必须每周爬钟楼三次，为它上弦。

纪念胜利的
大门

欧洲有一种为纪念战争胜利，庆祝战士凯旋归来的建筑形式——凯旋门。现在欧洲还有100多座古代凯旋门，法国巴黎凯旋门是欧洲凯旋门中最大的一座。

凯旋门是一种建筑形式

巴黎凯旋门位于巴黎戴高乐星形广场的中央，与埃菲尔铁塔、卢浮宫和巴黎圣母院，并称为巴黎四大代表建筑。这座凯旋门是为纪念奥斯特里茨战争的胜利，由法国皇帝拿破仑下令修建的，是欧洲最大的、最有文化影响的一座凯旋门。

凯旋门有多大？

凯旋门全部是用石头雕刻而成，四面各有一门，门上有许多精美的雕像，门内刻有跟随拿破仑远征的将军的名字，门上刻着法国战事史。外墙上刻着法国战争的巨幅雕像，正面四幅浮雕是

《马赛曲》、《胜利》、《抵抗》、《和平》。在凯旋门的下方有一座无名烈士墓，里面埋葬了一名在第一次世界大战中牺牲的无名战士，代表了死难的法国士兵。每逢重大节日，人们会在这里献上象征法兰西国旗的红、白、蓝色鲜花。

凯旋门还是个屋子？

不要以为凯旋门只是一个单纯的大门，它里面还设有电梯，能到达50米高的拱门上，或者也可以通过石头阶梯到达那里。上去以后有一座小型博物馆，陈列着有关凯旋门的历史图片和文件，还有拿破仑的生平事迹，以及跟随拿破仑征战的战士名字。另有两间电影放映室，可看到用英法两种语言播放的巴黎历史资料片。登上凯旋门，能够欣赏到巴黎的美丽景色。

世界上有几座凯旋门？

因为巴黎凯旋门较有名，所以一说凯旋门，人们首先会想到巴黎凯旋门。其实世界上有很多座凯旋门，如莫斯科凯旋门、君士坦丁凯旋门、奥朗日凯旋门、意大利米兰凯旋门、德国柏林凯旋门等。

凯旋门是欧洲纪念战争胜利的一种建筑，在古罗马时期就有了，后来其他的国家也效仿。凯旋门常建在城市的主要街道或者广场上，多为砖石结构，有一个或者三个拱门，上面刻着昭示战胜方战绩的浮雕。

拿破仑有哪些名言？

拿破仑是一位伟大的军事家和政治家，他说过很多的经典名言，激励着后来人。这里分享他比较有名的几句：

"一个人应养成信赖自己的习惯，即使在最危急的时候，也要相信自己的勇敢与毅力。"

"一切都是可以改变的，'不可能'只有庸人的词典里才有。"

"人多不足以依赖，要生存只有靠自己。"

"想得好是聪明，计划得好更聪明，做得好是最聪明又是最好。"

"爱国是文明人的首要美德。"

猜猜看

哭泣的墙壁

世界上的建筑千奇百怪，有为逝去的人建造的陵墓，有为防御敌人修建的万里长城，有为享乐建造的豪华宫殿。在耶路撒冷有一面会哭的墙，每天会有很多人站在墙边哭泣。这面墙为何如此奇怪？这些人为什么要在这儿流泪呢？

为什么叫"哭墙"呢？

"哭墙"由大石块砌成，又名"叹息之壁"。相传公元前10世纪，古以色列国的所罗门王在锡安山上为耶和华修建了"第一圣殿"，来此朝觐（jìn）和献祭的教徒络绎不绝，成为古犹太人宗教和政治活动中心。

公元前586年，巴比伦人入侵，将"第一圣殿"烧毁，四万多犹太人被虏，史称"巴比伦之囚"。经历半个多世纪的流亡，古犹太人重回家园，在第一圣殿旧址上重建第二圣殿。

公元70年，罗马帝国入侵，残酷镇压犹太教起义，数十万犹太人惨遭杀戮（lù），绝大部分犹太人被驱逐出巴勒斯坦地区，耶路撒冷和圣殿被夷为平地。该墙壁是罗马帝国希律王在第二圣殿遗址上修建起的护墙。直至拜占庭帝国时期，犹太人在每年的安息日获得一次回家乡的机会，无数的犹太信徒就会在这面墙下哭泣，这就是"哭墙"的来历。

"哭墙"是特意建造的吗？

公元7世纪，阿拉伯人建立的阿拉伯帝国占领巴勒斯坦，因帝国实行宽容的宗教政策，"哭墙"没有被损坏，反而被妥善保护起来。

"哭墙"，代表了犹太人一

段悲惨的历史，所以犹太人把这座墙完好地保存了下来。在犹太人眼中，"哭墙"是信仰和团结的象征。每逢犹太教安息日时，人们都会去"哭墙"表示哀悼。

据考古学家透露，1992年在"哭墙"发现5块巨型基石，这些石头经考证有两千多年的历史。

去"哭墙"有哪些习俗？

"哭墙"是犹太教圣殿两度修建、两度被毁的唯一遗迹，是犹太民族两千多年来流离失所的精神家园，也是犹太人心目中最神圣的地方。犹太人相信它的上方就是上帝。

"哭墙"中间有一道屏风，进入时男女要分开进入。男士在进入"哭墙"时必须要戴帽子，如果没有帽子可在入口处拿一顶纸帽子戴上，离开时要归还。在"哭墙"的女士区域，常看到妇女痛哭流涕在祷告，女士进入"哭墙"不用蒙头，但祷告后，要一步步退出祷告的地方，脸仍要面向"哭墙"，表示恭敬。

"哭墙"真的会流下眼泪？

据说，在"第一圣殿"被罗马人焚烧时，犹太人面对坍塌的大殿和残垣（yuán）断壁，聚集在西墙下失声恸（tòng）哭。期间，有人看见有六位天使也坐在一面残墙上哀声哭泣。天使的泪水渗入石缝，从而使圣殿废墟的残壁永远不倒。

现代也有"哭墙流泪"的报道，是说"哭墙"中间一块石头上会出现水渍，经过几天的风吹日晒也不会消失。其中一行"泪痕"离地面大概有六七米，呈长方形状，但没有水珠滴下来。另外两行"泪痕"都在墙缝位置。

"哭墙"为什么会流泪？

以色列文物局会同有关地质和文物专家调查后发现，"哭墙"流泪并不像人们所说的那样神秘，而是一种自然现象，出现过很多次。一个原因是"哭墙"另外一侧用于滴灌的水管漏水了，因水渗漏速度和水蒸发速度相同，所以水渍能长时间保持原样。还有一个原因是长在石缝间的植物腐烂后，看起来很像两只"流泪的眼睛"。

"哭墙之泪"虽然是自然现象，但人们仍旧希望，总有一天，和平会降临这片土地。那时，人们将不再互相杀戮（lù），"哭墙"将不再流泪！

被人遗弃的 古城

澳大利亚的大堡礁，因其红红的颜色被称为"澳大利亚的心脏"，也因此闻名世界。在约旦南部的沙漠里有一座神秘的古城，也有玫瑰红一样绚丽的颜色，吸引着很多旅行家的目光。我们也去探个究竟吧！

一座被人遗弃的古城

这座神秘的古城是佩特拉城，位于约旦南部，距今约旦首都安曼大约260公里，是一座被人遗弃了好几个世纪的古城。

佩特拉古城位于与世隔绝的深山峡谷中，又在海拔一千米的高山上，气候干燥。令人感到奇怪的是，这座城市的房子几乎全都是在岩壁上雕刻而成。因岩石呈现玫瑰红色，故被人们称为"玫瑰红城市"。不过，这里的岩石并非只有红色的，还有淡蓝色、橘红色、黄色、紫色和绿色，其实应该叫五彩城才对呢！

佩特拉城里什么样？

佩特拉城遗址的地形十分特殊，唯一的入口是狭窄的山峡，最宽处约7米，最窄处仅能让一辆马车通过，全长约1.5千米左右。进入峡谷，甬（yǒng）道回环曲折，险峻幽深，路面覆盖着卵石。两边是光滑的峭壁。峡谷尽头豁然开朗，耸立着一座依山雕凿的哈兹纳宫，共上下两层。底层由大圆石柱支撑着前殿，构成堂皇的柱廊。柱与柱间是神龛（kān），供奉着圣母、带翅武士等神像。这些像比真人还要大，栩栩如生，威严肃穆，颇具神韵。左右殿堂上是造型独特、左右对称、线条粗犷的壁画。

穿过哈兹纳宫前面的小谷，有一座能容纳两千多人的罗马式的露天剧场，舞台和观众席都是从岩石中雕凿出来的，紧靠山岩巨石，风格浑然一体，剧场后面有一片开阔地。

城市依靠四周山坡建筑而成，有寺院、宫殿、浴室和住宅等。还有从岩石中开凿出来的水渠。在东北部的山岩上开凿有石窟，其中有一座气势雄伟的三层巨窟，正面为罗马宫殿建筑风格，是历代国王的陵墓。

"女儿宫"的传说

在佩特拉城遗址的山脚下，有一座奇特的古庙建筑，叫做"本特宫"，也叫"女儿宫"。传说当年城市里缺少水源，国王就下令，如果谁能把水引入城里，就把公主嫁给他。后来有一位建筑师，从山谷外的一个村子把水引进来了，国王便把公主赐给他为妻，这座宫殿从此改名为"女儿宫"了。

为什么人们要遗弃这座城市？

佩特拉是约旦南部通往阿拉伯、埃及、叙利亚的交通要地，从公元前4世纪至公元2世纪，这里是一座繁华的商业城市，也是阿拉伯游牧民族纳巴泰人的首都。公元106年，这里被罗马帝国皇帝图拉真军队攻陷，沦为罗马帝国的一个行省，作为商路要道仍盛极一时。从3世纪起，红海海上贸易兴起，取替了陆地商路，佩特拉开始衰落。公元4世纪，地震毁坏了这座古城，许多人丧生，幸存者纷纷逃离此地。公元636年，古城终被废弃。从此，佩特拉由生机勃勃的贸易中心变成一座死城，12世纪以后便无人知晓了。

你知道"大裤衩"吗

北京东三环有一座令人惊奇的建筑，外表看起来像一个扭曲的方形，北京人开玩笑地说它像一个"大裤衩"。

看到它的人都会发出同样的感慨：建筑居然还可以做成这种样子！这座奇特高楼到底是做什么用的呢？我们一起来寻求答案吧。

原来是央视大楼！

　　这座被北京人戏称为"大裤衩"的高楼，是新建的中央电视台总部大楼。位于北京商务中心区，楼里面包括中央电视台总部、电视文化中心、服务楼、庆典广场。

　　主楼的两座塔楼双向内倾斜，建筑外表面的玻璃墙由不规则的几何图案组成。此楼造型独特、结构新颖，高新技术含量大，在国内外均属"高、难、精、尖"的特大型项目。

大胆构想的建筑设计师

这座高楼的主设计师是荷兰人雷姆·库哈斯和德国人奥雷·舍人，当他们公布设计方案时，人们都觉得他们疯了，不敢相信建筑还可以这么做。

从外观上看，央视大楼由两栋倾斜的大楼作为支柱，像是一只被扭曲的正方形油炸圈；塔楼之间被横向的结构连接起来，总体形成一个闭合的"桥"，有些部分有11层楼高，桥上还包括一段伸出约75米的悬臂，前端没有任何支撑，形成"侧面S正面O"的特异造型。

雷姆·库哈斯和奥雷·舍人认为，这种结构是对建筑界传统观念的一次挑战，因为人们通常认为摩天大楼就应该高耸入云、直指天空。不过，奥雷·舍人也承认，这种结构在世界其他地方获准建造的可能性很小，因为其他地方的建筑规范不允许建造这样的东西。而现在中国很愿意尝试，这为建筑设计创造了一种优越、自由的氛围。

"大裤衩"式高楼能站稳吗？

央视大楼的样子虽然怪怪的，不过它却很稳当哦。

大楼由许多个不规则的菱形渔网状金属脚手架构成。这些脚手架构成的菱形看似大小不一，没有规律，但实际上是经过精密计算的。由于大楼的造型采用不规则设计，造成楼体各部分受力不均匀，甚至有很大的差异，这些菱形块就成为调节受力大小的工具。受力大的部位，要采用较多的网纹，构成很多小块菱形来分解受力；受力小的部位则正好相反，要采用较少的网纹，构成较大块的菱形。

猜猜看

那场大火烧坏了哪座楼？

2009年2月9日，是中国传统节日元宵节，央视大楼发生了一场大火，不过还好，"大裤衩"高楼没有受伤，只是旁边的配楼严重焚毁。经调查，那是违规燃放爆竹焰火引发的火灾。2010年8月10日，央视开始复建被烧毁的配楼，由于有很多结构已被烧坏了，所以要先进行拆卸，然后才能重建。

能看到发光
十字架的神秘教堂

日本信仰佛教的人很多，不过日本也有著名的教堂建筑。在大阪，有一座很神秘的教堂，当你坐在里面时，会看到一个大大的发光的十字架，仿佛上帝在慢慢地接近你。这种效果是怎样做到的？往下看，你就会知道啦！

教堂大揭秘

　　光之教堂，位于大阪城郊茨木市北春日丘一片住宅区的一角，是利用一个木结构教堂和牧师住宅扩建的，是日本最著名的建筑之一，设计者是日本建筑大师安藤忠雄。

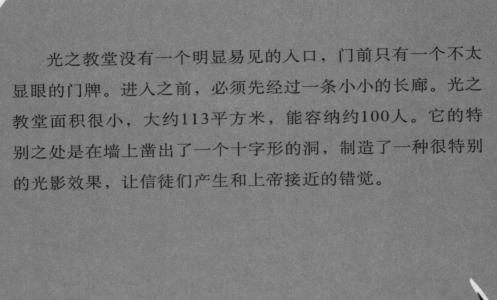

　　光之教堂没有一个明显易见的入口，门前只有一个不太显眼的门牌。进入之前，必须先经过一条小小的长廊。光之教堂面积很小，大约113平方米，能容纳约100人。它的特别之处是在墙上凿出了一个十字形的洞，制造了一种很特别的光影效果，让信徒们产生和上帝接近的错觉。

光之教堂的结构是怎样的?

光之教堂由一个混凝土长方体和一道墙体构成,长方体中嵌入三个直径5.9米的球体。这道独立的墙把教堂分割成礼拜堂和入口两部分。走廊的两边是混凝土墙,廊道前后没有墙体阻隔,新鲜空气可以自由地在这个空间中穿行,它的末端是绿色的树木和遥远的海景。透过毛玻璃制成的屋顶,人们能欣赏到天空、阳光和绿树。教堂内部的地面越朝牧师讲台方向,越呈阶梯状下降。前方是一面十字形分割的墙壁,嵌入了玻璃,以这里射入的光线显现出光的十字架。地板和椅子,采用朴实的木板制成,朴素大方。光之教堂全部用混凝土做墙壁,除了前述的那个大十字架以外,并没有多余的装饰。

它的精华是什么?

光之教堂不光有一个发光的十字架,它还有另一个特别之处,那就是信徒的座位比圣坛要高,牧师站着时与信徒是一样高的。而在大部分教堂里面,圣坛都会位于高台之上,庄严而冷酷地俯视着信徒。光之教堂的设计消除了这种不平等的心理,营造出人人平等的感觉。

125

猜猜看

安藤忠雄还有哪些教堂建筑？

安藤忠雄是日本著名的建筑师，他虽然从未接受过正规的建筑教育，却开创了一套崭新独特的建筑风格，是一位非常有影响力的建筑大师。

他有很多闻名世界的建筑作品，在教堂系列作品中，除了光之教堂，还有风之教堂和水之教堂。风之教堂是一座建在海边的教堂，会有清凉的海风灌入教堂。水之教堂建在北海道附近的一块平地上，场里有一个大的人工水池，从周围的一条河里引来了水，独具匠心。

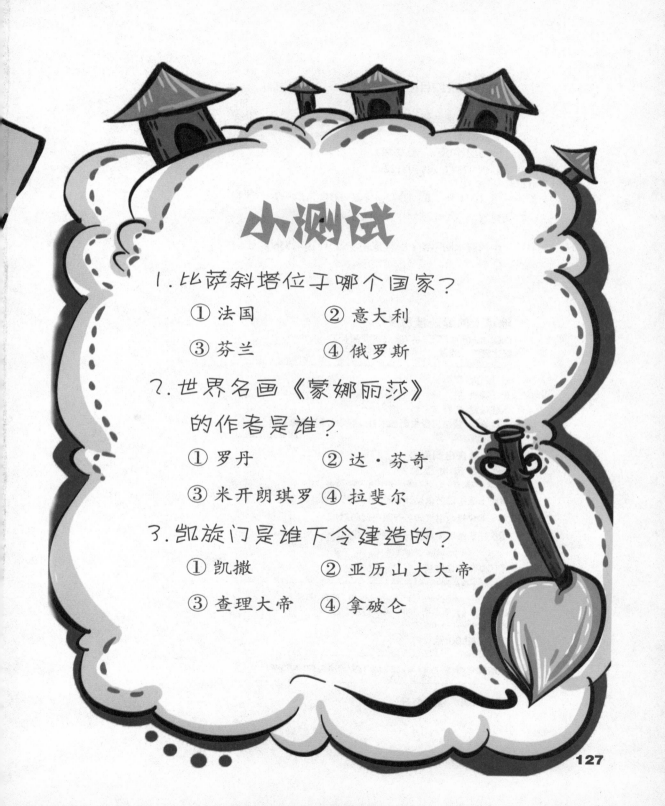

小测试

1. 比萨斜塔位于哪个国家？
   - ① 法国
   - ② 意大利
   - ③ 芬兰
   - ④ 俄罗斯

2. 世界名画《蒙娜丽莎》的作者是谁？
   - ① 罗丹
   - ② 达·芬奇
   - ③ 米开朗琪罗
   - ④ 拉斐尔

3. 凯旋门是谁下令建造的？
   - ① 凯撒
   - ② 亚历山大大帝
   - ③ 查理大帝
   - ④ 拿破仑

图书在版编目(CIP)数据

地球上的那些怪房子 / 纸上魔方编著. —重庆：重庆
出版社，2013.11
　（知道不知道 / 马健主编）
　ISBN 978-7-229-07122-6

　Ⅰ.①地…　Ⅱ.①纸…　Ⅲ.①建筑学—青年读物
②建筑学—少年读物　Ⅳ.①TU-49

　中国版本图书馆 CIP 数据核字（2013）第 255608 号

地球上的那些怪房子
DIQIUSHANG DE NAXIE GUAIFANGZI
纸上魔方　编著

出　版　人：罗小卫
责任编辑：易　扬　刘　婷
责任校对：曾祥志　杨　婧
装帧设计：重庆出版集团艺术设计有限公司·陈永

　重庆出版集团
　重庆出版社　出版

重庆长江二路 205 号　邮政编码：400016　http://www.cqph.com

重庆出版集团艺术设计有限公司制版

重庆现代彩色书报印务有限公司印刷

重庆出版集团图书发行有限公司发行

E-MAIL:fxchu@cqph.com　邮购电话：023-68809452

全国新华书店经销

开本：787mm×980mm　1/16　印张：8　字数：98.56 千
2013 年 11 月第 1 版　2014 年 4 月第 1 次印刷
ISBN 978-7-229-07122-6
定价：29.80 元

如有印装质量问题，请向本集团图书发行有限公司调换：023-68706683